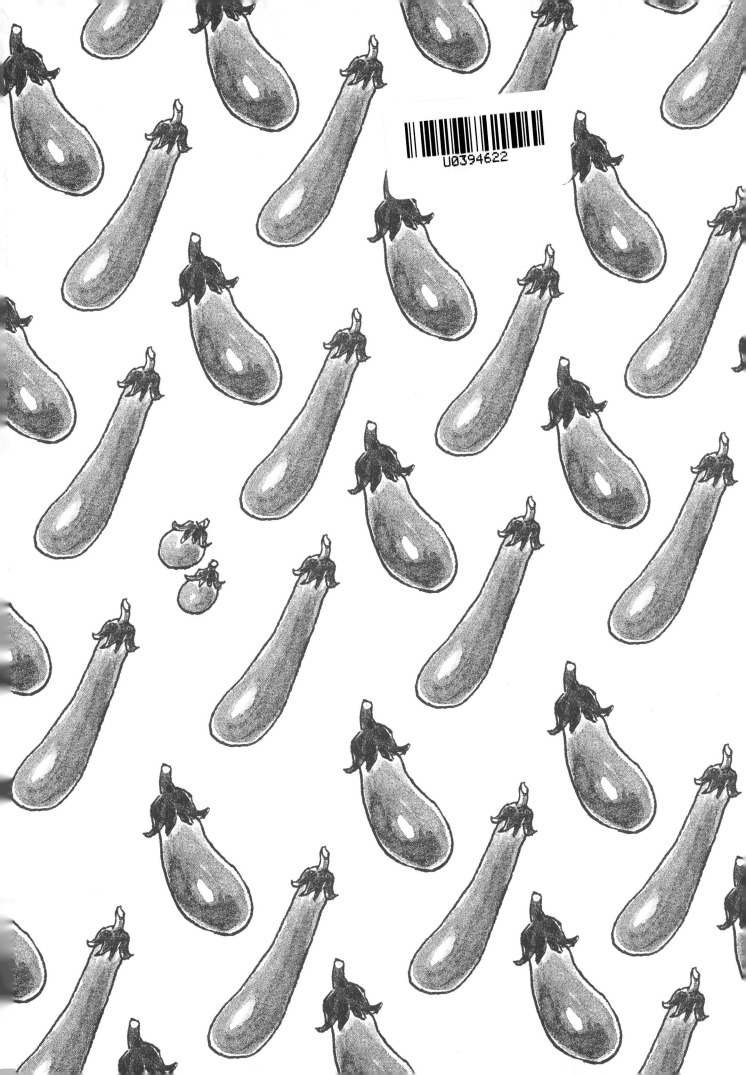

画说茄子

画说茄子

【日】山田贵义●编文　　【日】田中秀幸●绘画

我叫茄子。

在日本，早在1000多年前，人们就已经开始栽培茄子了。

我的故乡是印度，不过，在日本我也有很多亲戚。

有圆的，有细长的，还有袖珍的。

近年来，只有中等大小的茄子最受欢迎，

不过我觉得都这样有点单调。

我有很多长相不同的小伙伴，

所以我希望大家对他们也一定要多多支持！

中国农业出版社

北　京

1 亚洲的人气小子

说起茄子，那就要先讲讲咖喱。咦，真的假的？！你会觉得奇怪了，做咖喱要放茄子吗？如果你有这个疑问，那就说明你不了解正宗的印度咖喱！在印度，人们可是经常吃茄子咖喱和秋葵咖喱的，毕竟印度是茄子的故乡嘛。还有，注意一下世界范围内茄子的产量，全世界大约82%的茄子都是在亚洲栽培的，剩下的18%非洲和欧洲差不多各占一半。在亚洲，大家都特别喜欢茄子。

世界范围内的茄子生产

亚洲 267,000 公顷
全世界的茄子栽培面积 324,000 公顷
南美洲 1,000 公顷
北美洲及中美洲 3,000 公顷
欧洲 24,000 公顷
非洲 29,000 公顷

栽培面积
产量

关于**茄子**的谚语

有很多关于茄子的谚语，有关于茄子长势的，还有关于天气的，不一而足。虽然也有不太准的谚语，但这不正说明茄子是如此受人喜爱吗。

茄子跟**大米**，它们之间有什么关系？

无论大米（水稻）的故乡缅甸、泰国，还是茄子的故乡印度东部，气候都非常相近，都属于温暖的国度。因此，遇到连续阴雨天或天冷的时候，不管是水稻还是茄子的收成都会减少。老百姓也认识到了这一点，于是创造了各种关于茄子和水稻的谚语。

茄子丰收，水稻就会丰收。
　一年中的第一个茄子要是皮厚，那么水稻就会歉收。
　当茄子又硬实又好吃的时候，水稻就会歉收。
　秋天的茄子如果味道变了，水稻就会歉收。

3

2 茄子的个性谦虚低调

茄子中绝大部分都是水分，跟其他蔬菜相比，营养比较少。这样一说，你也许会想："什么嘛！不是什么大不了的蔬菜嘛！"但在日本的蔬菜中，它可是一种自古以来人们一直都在吃的蔬菜。并且人们花费了很长的时间，培育出很多独一无二的地方品种，采用特产茄子制作的乡土料理也就应运而生了。虽说茄子营养价值不高，可它谦虚低调的个性却一直受到人们的喜爱。

把我的小秘密告诉你吧！

茄子缺乏营养

茄子可以用来制作各种各样的料理，对吧？酱茄子、烤茄子、奶汁烧茄子、咖喱茄子、炖茄子、炒茄子等。茄子适合制作任何料理，秘诀就是其味道寡淡，可以很好地入味。所以，就算茄子本身没什么营养，吃起来味道却很好，容易与其他食材完美搭配，还是有益于健康的。

一富士、二鹰、三茄子

据说在日本，谁要是在新的一年做的第一个梦能梦到下面这三样东西就会非常吉利：第一个是富士山，第二个是飞禽老鹰，第三个是茄子。

正月初二做的"初梦"嘛~

烤茄子和生姜的组合

这是前人所拥有的了不起的智慧。过去，因为没有制冷设备，夏天人们就会选择一些可以让身体降温的食物解暑。例如，夏天收获的茄子和瓜类，一直以来都被人们作为凉性蔬菜摆上餐桌。与此相反，人们发现食用生姜等可以温暖身体，所以把生姜跟茄子一起吃，这样就能避免肠胃过于寒凉。

盂兰盆节的民俗活动

将茄子放在"栈俵"上，祭祀先祖的灵魂

"栈俵"是一种用稻秸编成的装在稻秸米袋两端的圆盖子。

送先祖上路的茄子马

夏天盂兰盆节的时候，除了供奉当季的蔬菜、水果，还有用茄子做成的"马"，以此送先祖的灵魂上路，这样的节日风俗活动你见过吗？有的地方，人们会把供品放在"栈俵"上，放入河中让它随河水漂走，或在房子外面点上送别的篝火。据说，先祖就是乘坐这匹用茄子做成的马，前往另一个世界的。

3 要是开花了，就蹲下身来仔细观察吧！

自古以来，人们都说茄子开的花，每一朵都能结果，没有只开花不结果的茄子花。不过，实际栽培看看的话你会发现，在梅雨季节，如果不出太阳的阴天持续好几天，茄子花即使开放也往往会凋落。因为日照时间变短，雌蕊比较短的花就会变多。可是，到底为什么雌蕊短的花会凋落呢？

我们来比较一下雌蕊的长度吧

茄子花开了，雌蕊是什么样子的？来看看吧。

父母的意见和茄子的谎花

"父母的话，茄子的花，没有一个假。"（意思是，茄子开的花全都会结果，谎花一朵都没有。同样，父母为子女着想而提出的意见，全都是有益的。）虽说有这么个谚语，但真实情况是，只要连续几天下雨或持续阴天，再或者打理得不好，茄子真的有可能只开花不结果哦。

从下往上一瞧，茄子花正对着你微笑

茄子花差不多都是"脸"朝下开放的。这是因为，花粉只能从雄蕊尖儿上张开的一个小孔里散落下来。当轻风吹拂，或者有小虫子爬到花朵上停留的时候，花朵就会左右摇曳，花粉也就自然而然地从小孔里掉落下来。这时候，如果是长花柱花，花粉肯定会沾到雌蕊上。可如果雌蕊沾不上花粉，就无法结果了，当然，花也就凋落啦！

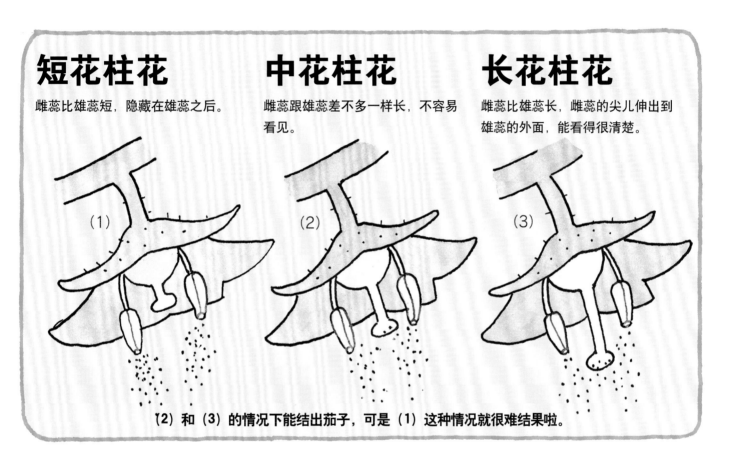

短花柱花

雌蕊比雄蕊短，隐藏在雄蕊之后。

(1)

中花柱花

雌蕊跟雄蕊差不多一样长，不容易看见。

(2)

长花柱花

雌蕊比雄蕊长，雌蕊的尖儿伸出到雄蕊的外面，能看得很清楚。

(3)

（2）和（3）的情况下能结出茄子，可是（1）这种情况就很难结果啦。

茄子的颜色是晒出来的

当结出小的果实后，我们给果实套上一只黑色的袋子，看看会怎么样呢？过一到两个星期，把袋子摘掉，你会大吃一惊！长出的是一只有点发白的茄子。这到底是怎么回事呢？原来，茄子"上色"的原理跟人们皮肤晒黑非常相似。当人们在游泳池或海边游泳、晒日光浴时，皮肤会被晒得黝黑黝黑的，那是因为，阳光中的紫外线照到皮肤上，皮肤为了保护自己，会分泌更多的黑色素。茄子里面也有导致变黑的色素，受到太阳光的紫外线照射茄子就发黑了。

4 茄子到底是木本植物，还是草本植物呢？

对茄子有些了解的人也许会说："茄子绝对是草本植物啊！因为它不会像树一样长得高高大大的，而且一到冬天茄子秧就枯萎了！而所谓的木本植物，就算叶子掉了，树干也不会枯萎啊！"的确，在温带和寒带地区，茄子秧当年之内就枯萎了。可要是去热带地区看一看，就会发现那里也有很多年都不枯萎，可以一直生长的茄子。那么，茄子到底是草本植物，还是木本植物呢？

在**热带地区**，
为什么茄子是多年生?

在北方，一到冬天茄子秧就枯萎了，那是因为对于茄子来说，北方的气候过于寒冷了。可是，在茄子最早的产地印度，一年里最冷的时候气温也有 18 摄氏度。所以在印度、泰国还有缅甸等热带地区，茄子就是多年生的。

草本植物　茄子

看看**原产地**的茄子，
就会发现……

在印度以及南美洲等天气炎热的地方，茄子的同类水茄的枝干能长到 2 米以上呢。而且茄子的茎像树一样坚硬，是茶色的，从根部就能长出蘗芽（新芽）来。还有，不管怎么说，茄子的茎不像草那样是中空的。收获完成后的茄子残株，还能当柴烧呢！

叶子参差不齐，这是为什么呢？

等茄子长大一些，仔细观察一下一片一片的叶子吧。你会发现，一棵茄子秧上没有两片相同大小、相同形状的叶子，是不是？就算只看一片叶子，左右两边的形状也是不对称的。为了让阳光照到所有的叶子上，每一片叶子都在努力想办法呢！它们或是改变形状，或是竖起来，或者平躺下去。这样一来，通风情况也能得到改善，叶子就不会生病了。

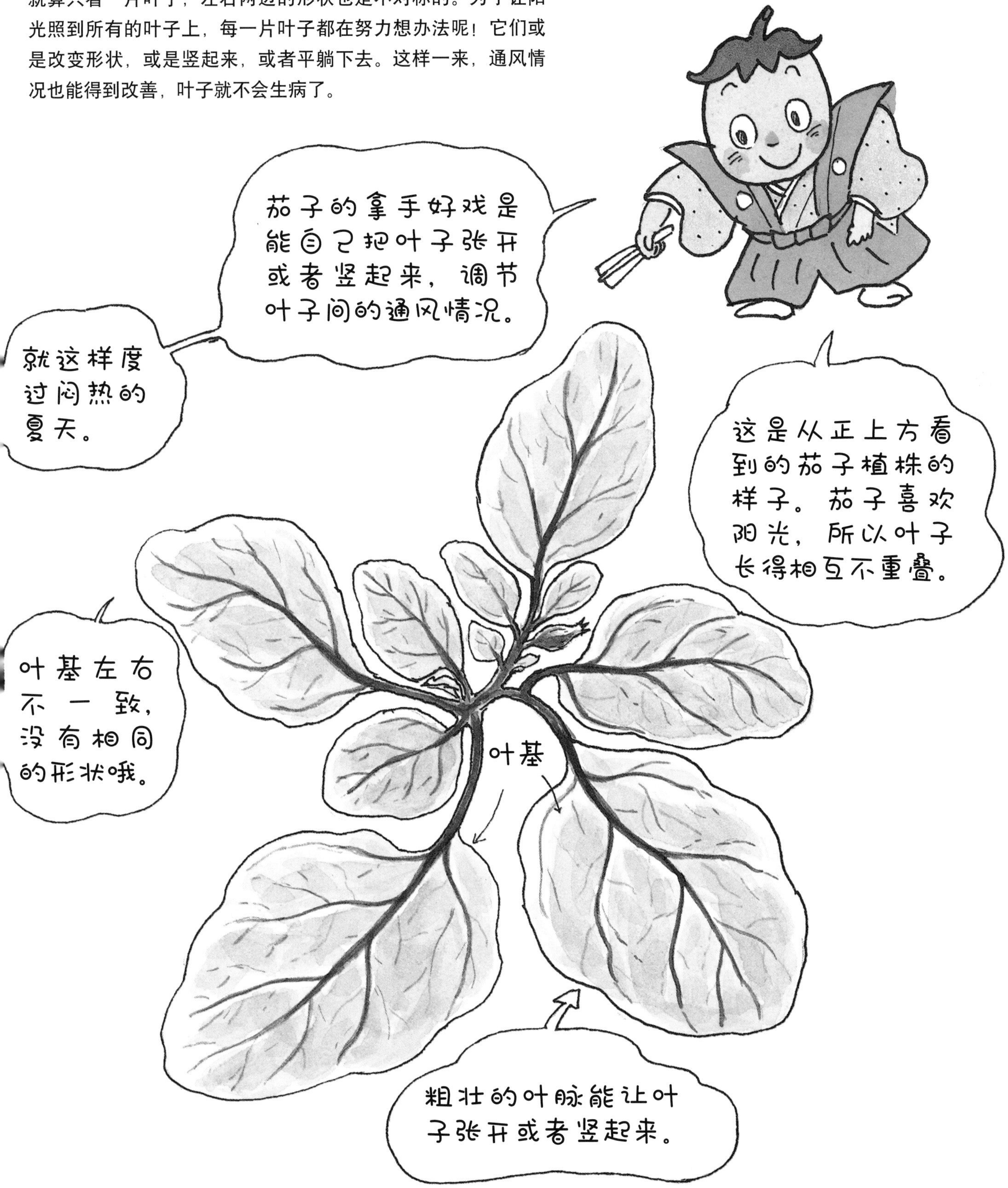

茄子的拿手好戏是能自己把叶子张开或者竖起来，调节叶子间的通风情况。

就这样度过闷热的夏天。

这是从正上方看到的茄子植株的样子。茄子喜欢阳光，所以叶子长得相互不重叠。

叶基左右不一致，没有相同的形状哦。

叶基

粗壮的叶脉能让叶子张开或者竖起来。

9

5 地方品种多多，茄子小伙伴们

日本有一些只在当地出产的茄子品种，自古以来，它们就被当地人全力守护，精心栽培，数量多达近 70 种。虽说现在商店里卖的几乎只有抗病能力强、又容易加工的中长形状的茄子，但其实，在各个地方有各种形状的茄子。在你住的地方，茄子是哪种样子的？

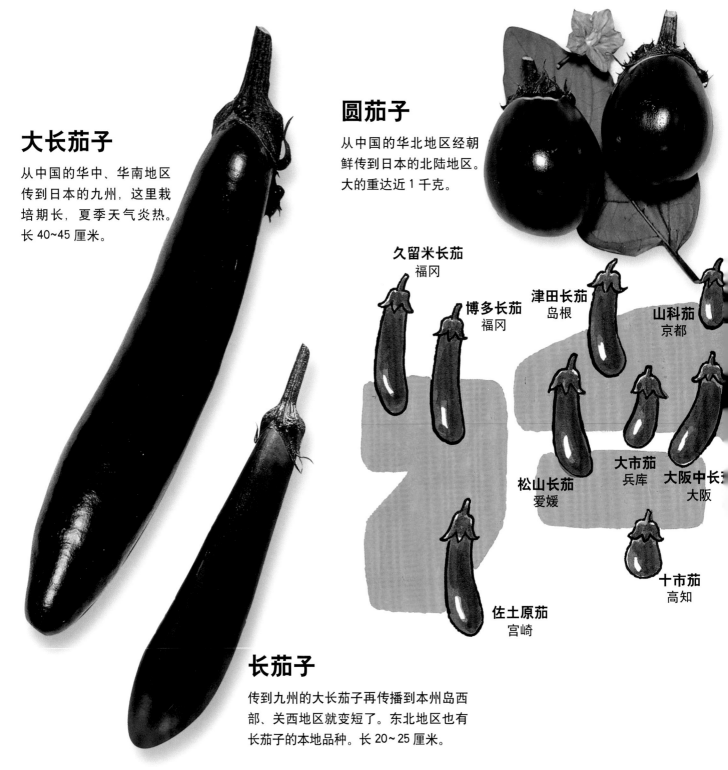

大长茄子

从中国的华中、华南地区传到日本的九州，这里栽培期长，夏季天气炎热。长 40~45 厘米。

圆茄子

从中国的华北地区经朝鲜传到日本的北陆地区。大的重达近 1 千克。

久留米长茄
福冈

博多长茄
福冈

津田长茄
岛根

山科茄
京都

松山长茄
爱媛

大市茄
兵库

大阪中长茄
大阪

佐土原茄
宫崎

十市茄
高知

长茄子

传到九州的大长茄子再传播到本州岛西部、关西地区就变短了。东北地区也有长茄子的本地品种。长 20~25 厘米。

长卵形茄子

大小介于长茄子和卵形茄子之间，无论天气温暖还是寒冷都能种植，日本各地都有栽培。

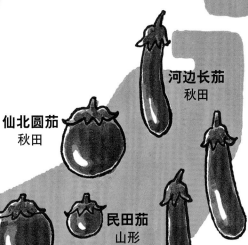

美洲茄子

无论是叶子还是果实都长得很大，叶子上有锯齿。果实为紫黑色，蒂为绿色，是美洲产的品种。

河边长茄
秋田

仙北圆茄
秋田

南部长茄
岩手

鱼沼巾着茄
新潟

民田茄
山形

仙台长茄
宫城

加茂茄
京都

橘田茄
爱知

真黑茄
埼玉

Mogi 茄
京都

千成茄
奈良

小圆茄子

圆茄子传播到栽培期较短的东北地区就变小了。单个重 10~20 克。

卵形茄子

圆茄子从中国传到日本北陆地区，再到了关东地区，圆茄子就变成了卵形茄子。

我们这帮小伙伴，大小、形状各式各样，是不是呀？

6 栽培日历

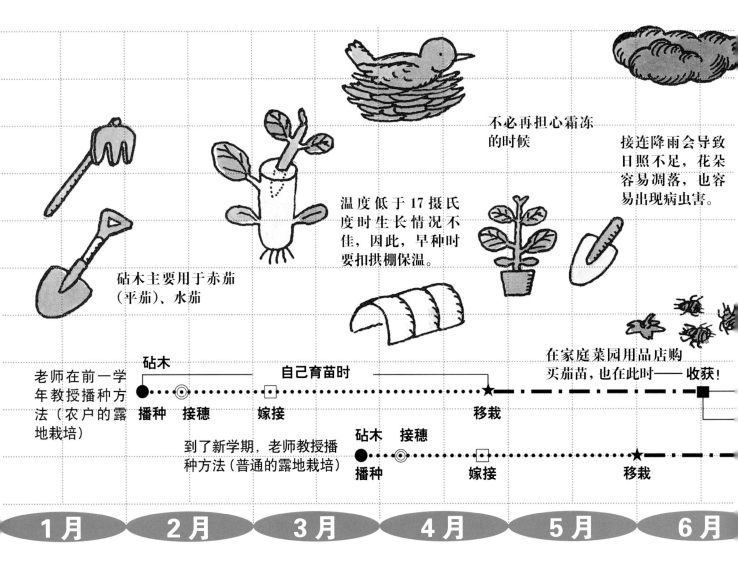

不必再担心霜冻的时候

温度低于17摄氏度时生长情况不佳，因此，早种时要扣拱棚保温。

接连降雨会导致日照不足，花朵容易凋落，也容易出现病虫害。

砧木主要用于赤茄（平茄）、水茄

在家庭菜园用品店购买茄苗，也在此时——收获！

老师在前一学年教授播种方法（农户的露地栽培）

砧木
播种　接穗　嫁接　　　自己育苗时　　　　移栽

到了新学期，老师教授播种方法（普通的露地栽培）

砧木　接穗
播种　　嫁接　　　　　移栽

1月　2月　3月　4月　5月　6月

立春　　惊蛰　　春分　　　　　　　　梅雨

惊蛰：意思是冬眠的小虫子从土里爬出来。

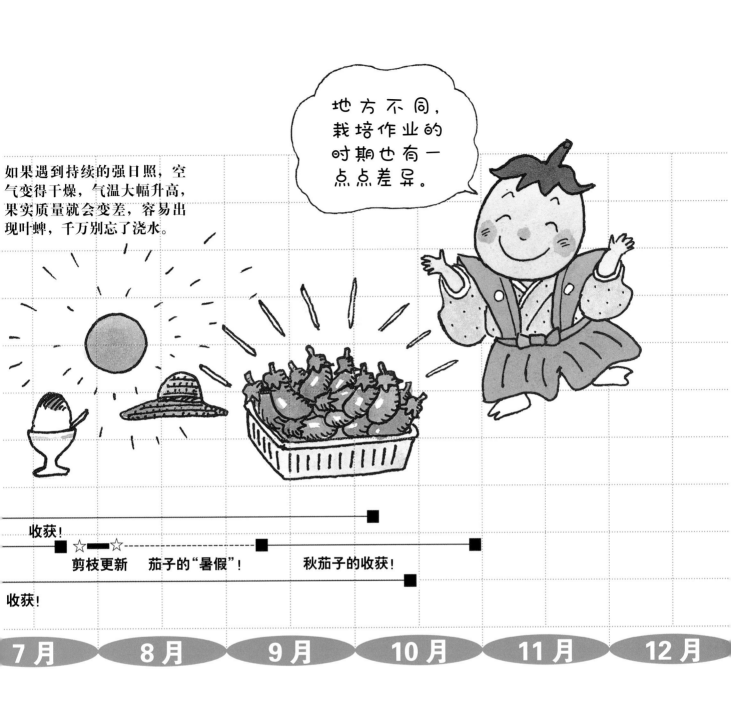

如果遇到持续的强日照，空气变得干燥，气温大幅升高，果实质量就会变差，容易出现叶蝉，千万别忘了浇水。

地方不同，栽培作业的时期也有一点点差异。

收获！

☆——☆
剪枝更新　茄子的"暑假"！　　秋茄子的收获！

收获！

| 7 月 | 8 月 | 9 月 | 10 月 | 11 月 | 12 月 |

出梅 10 天晴　　　　　　秋分节

出梅 10 天晴：意思是梅雨季节结束后，强日照天气一直持续。

13

7 种茄子之前的准备工作

茄科植物，如果每年都在同一个地方栽种，即使精心侍弄，长势也会变得越来越差。不过，要是栽种嫁接苗就不要紧了。如果栽种不经嫁接的地方品种，就要避免使用 4~5 年间曾种过茄科作物的田地。

来吧，拿起小铲子，耕作你的茄子地吧！

粗放翻耕

▼施白云石肥料，每平方米 100 克

▲施堆肥等，每平方米 2~3 克

尽量在透水和保水性良好、光照充足的地方开垦茄子地。

基肥（移栽前所施肥料）

施化肥用氮：磷：钾按照 10：10：10 的比例，每平方米用量为 150 克左右。一边把土块捣碎，一边撒入肥料，让肥料与土壤混合均匀。如果施肥时肥料堆在一起没有散开，有时会引起肥伤，会伤到茄子的根部，导致茄子苗生长不良。

起垄

肥料要跟整片土壤充分混合均匀。

化肥要跟整片土壤充分混合均匀。

田垄的宽度要在 110~120 厘米。

8 来吧，我们一起种茄子！

就算收成不太好，茄子长得不太漂亮也没关系！

以前，或许你只见过摆在商店货架上卖的茄子，还有做成菜肴的茄子，如果你知道了茄子的叶子和花朵的模样，以及它们是怎样慢慢长大的，那么今后再看到茄子的时候，你的想法会不会有点不一样了呢？

下面，就让我们先来仔细观察一下茄子吧！

不好的茄子苗

- 叶子又薄又大容易下垂
- 节位间距大
- 茎较细
- 子叶颜色差或者没有子叶

现在就教你怎么辨别茄子苗的好坏！

好的茄子苗

- 叶子坚挺向上
- 长得密实
- 茎较粗
- 子叶长得牢

茄子苗要这样的

● 要买嫁接苗。如果栽嫁接苗，每年都可以在同一块地里种茄子。

● 如果茄子苗上已经开了第一朵花，选花朵大的苗。不过，如果用的是较小的 2 号花盆，选不带花的苗更好。

● 茄子苗大多栽在 3~5 号的大花盆里，花土量多的比较好。

● 叶子光泽好，长得结实。

● 子叶没有脱落，长得很牢固。

● 节位与节位间距较小，长得密实。

移栽

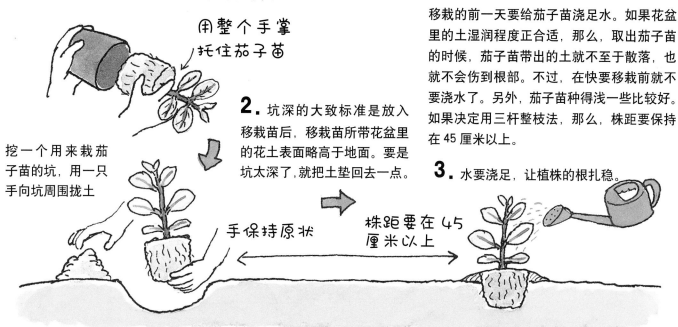

1. 将花盆倒过来底朝上，把茄子苗拔出来。

用整个手掌托住茄子苗

挖一个用来栽茄子苗的坑，用一只手向坑周围拢土

2. 坑深的大致标准是放入移栽苗后，移栽苗所带花盆里的花土表面略高于地面。要是坑太深了，就把土垫回去一点。

手保持原状

株距要在45厘米以上

3. 水要浇足，让植株的根扎稳。

移栽的前一天要给茄子苗浇足水。如果花盆里的土湿润程度正合适，那么，取出茄子苗的时候，茄子苗带出的土就不至于散落，也就不会伤到根部。不过，在快要移栽前就不要浇水了。另外，茄子苗种得浅一些比较好。如果决定用三杆整枝法，那么，株距要保持在45厘米以上。

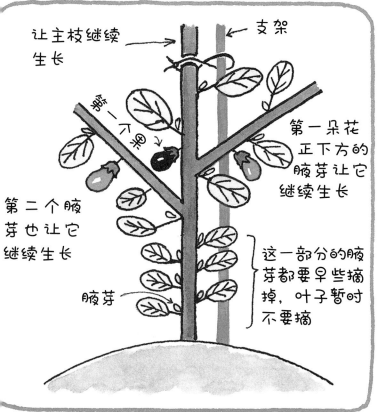

让主枝继续生长

支架

第一朵花正下方的腋芽让它继续生长

第二个腋芽也让它继续生长

腋芽

这一部分的腋芽都要早些摘掉，叶子暂时不要摘

茄子苗长大一点后留下三根枝，将植株形状规整好。

三杆整枝法

我们就采用对茄子而言最自然的三杆整枝法吧！茄子苗移栽到土里以后，立一根支架，把茄子苗松散地跟支架绑在一起。主枝上第一朵花（第一个果）的正下方，以及再下一层的叶子和茎之间如果冒出腋芽，不要摘掉，要留下让它们继续生长。再往下的其他腋芽要全部摘掉。摘腋芽的时候要用手从根部小心地摘除。用剪子的话会很麻烦，同一个部位不久又会长出新的腋芽。

9 阳光和水能让茄子长得更加饱满

水要浇足。茄子的果实中 93%~94% 都是水分，所以水量不足的话，茄子的果实就会失去光泽，或者变得又硬又难吃。被太阳晒干了的茄子自古以来就被作为难吃食物的代表，因为不管是煮还是烤，都难以下咽。另外，茄子喜肥，所以别断了肥料。总之，大家要边观察茄子的生长情况，边进行栽培作业，最初阶段先注意这两点就可以了。

浇水

如果天气跟常年一样，那就每周往地里浇 1~2 次水。要是持续干旱，就要边观察茄子的生长情况，边增加浇水的次数。在整个田垄铺上干草或者盖上麦秸，防止田垄干涸也是一个好办法。

把**叶子**摘掉，
可以让通风情况好一点！

在收获第一个果实的时候，留三根枝条，以下的茎上生长的叶子要摘掉。

追肥
（植物生长期间中途施的肥料）

追肥的大致标准是每半个月 1 次。等茄子的地上根部分长大些了，施肥的时候要渐渐远离根部。如果不施液肥而施化肥的话，一定要先用土把肥料盖住再浇水。因为肥料不被水溶解的话，茄子的根部是没办法吸取肥料的。

第 2 次追肥

盖上麦秸
第 2 次追肥之后

第 1 次追肥
第 3 次追肥
第 4 次追肥

想什么时候**摘茄子**就什么时候摘！

果实长大到一定程度了，就可以在想吃的时候摘了。如果让茄子长得太大，有可能茄子的收获量就会变少，而且果实的颜色以及光泽也会变差。那么，你该怎么做呢？

茄子的"暑假"

梅雨季一过，天气就会变热，茄子的植株也会疲软，所以，咱们也给茄子放个"暑假"吧！留下一片叶子，把枝条剪掉，浇足水，让茄子的植株休养生息。等天气转凉了，枝叶又会全都出齐，秋天的时候就可以有第二次收获了。这段时间，咱们该做什么呢？就算过暑假也要定好谁值班，每周来学校浇1~2次水。

盛夏的时候，如果根株衰弱就剪掉主枝

主枝以下的细小枝条要留下

硫酸铵等

根部四处伸展的须根要剪断

长出4~8条新枝

10 　就算没有土地，想想办法也能种茄子

就算没有正好适合种茄子的场地，也不要放弃。大花盆或者栽培箱、塑料袋等等，都可以用来种茄子。

为了**种茄子**，
要准备这些东西！

花盆：10 号花盆（直径 30 厘米左右）
栽培箱：宽度为 30 厘米左右的大箱
袋子：在塑料袋的底部开几个小洞，使其具有
　　　良好的透水性。也可以用麻袋。

种植土应该预备这样的！

(1) 只用田间土
(2) 用田间土和腐叶土的混合土，混合比例为 8∶2
(3) 用细砂土、腐叶土、蛭石、珍珠岩的混合土，
　　混合比例为 3∶1∶1∶1
(4) 用赤玉土、腐叶土、蛭石的混合土，混合比例
　　为 3∶1∶1

基肥

往 10 升土里混入 10 克左右白云石肥料，之后混
入 20 克左右的化肥。

适合盆栽的是结小果的茄子品种。

浇水

跟在地里种茄子相比,浇水还有追肥要更勤一些。盛夏的时候有可能需要 1 天浇 1 次水,所以应边观察茄子的情况边浇水,要是茄子看起来缺水,那就早晚各浇一次。

追肥

1 周到 10 天追肥 1 次。可以用稀释 500 倍的液体肥料代替浇水。

偶尔让叶子也湿润一下。

盖麦秸

如果气温高,花盆或者栽培箱里面的泥土温度也会升高,不利于根的生长,所以需要想点办法。在露出泥土的根部周围盖上麦秸,或将花盆、栽培箱等置于阴凉处。

能遮挡直射日光的箱子等

11 仔细观察，了解那些眼睛看不见的地方！

大部分植物如果根部壮实长得就快，而根部脆弱就不易成活。听到这个，你会不会想："根埋在土里，也看不见呀？"这时候，就需要你的观察力和想像力了。每天仔细观察，让我们来捕捉茄子的SOS（求救信号）吧！

肥大 和缺水
都是失败的主要原因

种茄子最容易导致失败的就是，一次性施肥太多（这种情况被称为"肥大"），以及浇水量不足。茄子喜欢肥料，可要是一下子施太多的肥，茄子的根部就会承受不住。根部如果坏掉，茄子苗就没法苗壮成长了，所以，施肥量一定要少一点，要分几次施肥。还有，如果拿捏不准肥料是否用得太多，那么，少浇一点水也是可以弥补的。

● 水量不足，枝条就长不好，随着茄子苗向上生长，叶子会越长越小。这时候就要增加每次浇水的水量。
● 如果施肥量或浇水量不足，或夜晚气温接近30摄氏度，又或是日照时间过短，那么，不易结果的短花柱花就会变多，长花柱花则会减少。

病虫害

空气干燥的话，就容易生虫子，所以要注意。

蜱虫

用喷壶从茄子苗的顶尖部位开始浇水，就像让茄子苗淋了一场雷阵雨。

瓢虫

不管是幼虫还是成虫，发现了就要捉住、杀死。

虫卵

蚜虫

如果把茄子苗的根部用银色的苫布盖上，长翅膀的蚜虫飞到茄子苗上的数量就会减少。

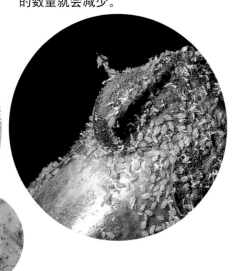

如果出现石头果，那就摘掉吧！

茄子的雌蕊上如果没有沾上花粉，一般 3~4 天内花就会谢了。可如果开花的时候气温较低，就算雌蕊沾到花粉，茄子能够结果，果实也长不大。这就叫石头果。石头果不会自行脱落，发现了就要赶紧摘掉。

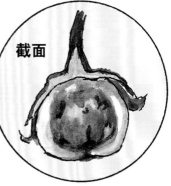

茄子石头果

截面

茄子要是得病，叶子枯死，那就只好把它摘下来扔掉啦。

12 让我们尝一尝刚摘下来的茄子吧!

让我们看看都结了些什么样的茄子?大茄子,小茄子,中等大小的茄子,光泽好的茄子,褪了色的茄子,晒干了的茄子,还有茄子石头果。一棵茄子秧上,为什么长出这么多不一样的茄子?可能是梅雨季节,花朵差不多都凋谢了,好让人失望呀。本以为已经结了茄子,结果却发现原来是石头果。一看到收获的茄子,就想起茄子在成长期间发生的种种故事,对不对?去商店时,当你看见货架上褪了色的茄子,然后告诉爸爸妈妈:"这是因为茄子生长的时候有点缺水。"爸爸妈妈一定会大吃一惊的!

京风田乐

用普通的茄子也可以做这个菜哦!

●材料
长茄子 4 个;芝麻油、色拉油各 2 大勺;田乐红味噌酱 100 克;田乐白味噌酱 100 克(田乐味噌酱的制作方法请看 35 页);黑芝麻少许;嫩树芽 4 片。

1 茄子去蒂,切片。

2 用开水焯一下茄子去掉涩味,把水分完全沥干后备用。

3 往锅里倒入芝麻油和色拉油,待油充分烧热后,将茄子平铺在锅底,用文火煎。

4 如果茄子用筷子能轻松扎透,那就说明煎好了,煎好后装盘。

5 在煎好的茄子表面分别抹上田乐红味噌酱和田乐白味噌酱。

6 在红味噌酱上面撒上黑芝麻,在白味噌酱上面放嫩树芽装饰。

印度流传了 4000 年的
咖喱茄子

茄子很适合用油煎炸，除了咖喱，动动脑筋再试着做做别的菜吧。

●材料
洋葱 2 个；茄子 4 个；西红柿 1 个；土豆 1 个；鸡蛋 2 个；培根 1 片；青豌豆 3 大勺；色拉油 3 大勺；小麦粉 2 大勺；黄油 1 小勺；咖啡粉，2~3 大勺；高汤 4 杯；伍斯特沙司 1 小勺；调料（食盐、砂糖、酱油）。

---

1 将 1 个洋葱切丁，1 个洋葱切条。

2

茄子去蒂，对半切开，再切成 2 厘米厚的片，焯水后沥干备用。

3

西红柿用热水烫后去掉外皮，再切成大块。

4 土豆切成 2 厘米左右的小方块备用。
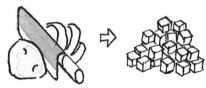

5

鸡蛋要煮得老一点，之后切成 6 片。

6

往锅里倒入 1 大勺色拉油，加热，加入切成小块的培根、切成碎丁的洋葱翻炒至变色，再加进切成条的洋葱继续翻炒。

7

随后，把土豆和茄子放入锅里翻炒。

8
倒入 2 大勺色拉油，再加入小麦粉和咖喱粉，继续翻炒。

9

一点一点加入高汤，让小麦粉和咖喱粉与高汤融合成糊状，再加入西红柿和黄油，小火慢炖。

10

待蔬菜全部煮软后，放入砂糖、酱油和伍斯特沙司各 1 小勺调味。

11
最后，加入之前切好的煮熟的鸡蛋和青豌豆，就可以出锅了！

13 各种茄子酱菜

煮、烤、蒸、炒或做成酱菜，茄子可以千变万化，以不同的姿态登上人们的餐桌。一种蔬菜居然有这么多种烹饪方法，也是因为日本和世界各地有各种各样的茄子，而且茄子本身的味道比较清淡，容易入味。现在，我们来介绍几种酱菜的做法，它们都充分利用了茄子的特性。

浅渍茄子

1. 去蒂，用少许食盐把茄子揉搓一下，然后把茄子放到米糠酱里。

2. 傍晚放入米糠酱里的茄子，第二天早上就可以吃了。茄子虽然是生的，但是很好吃。把茄子切开，再淋上一点酱油，开吃吧。

* 在日本大阪的泉南地区有一种非常软的茄子叫做水茄子。据说，老百姓口渴了就摘地里的水茄子吃，就当喝水了。

往米糠酱腌茄子里放进一根铁钉的话，腌出来的茄子颜色会很漂亮哦。

"三五八渍"法渍薄皮茄子

● 材料

茄子 1 千克（最好使用小圆茄子）；烧明矾 1 克；食盐、米（米曲）和大米以 3：5：8 的比例制成的混合物 2 杯（A 混合物）；陶器或玻璃的容器。

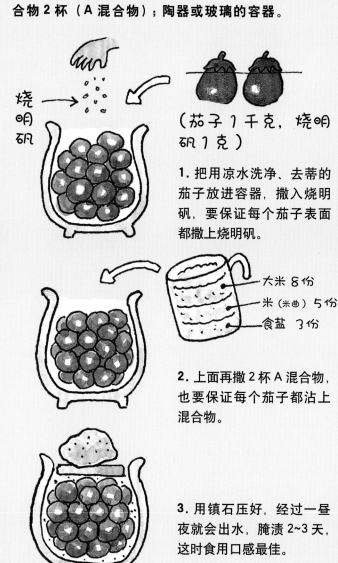

（茄子 1 千克，烧明矾 1 克）

1. 把用凉水洗净、去蒂的茄子放进容器，撒入烧明矾，要保证每个茄子表面都撒上烧明矾。

大米 8 份
米（米曲）5 份
食盐 3 份

2. 上面再撒 2 杯 A 混合物，也要保证每个茄子都沾上混合物。

3. 用镇石压好，经过一昼夜就会出水，腌渍 2~3 天，这时食用口感最佳。

芥末酱茄子

● 材料

茄子（长到 4 厘米左右时收获）1 千克；酒糟 170 克；砂糖 150 克；芥末粉 40 克；食盐 50 克。

1. 茄子去蒂，阴干 1 天后备用。

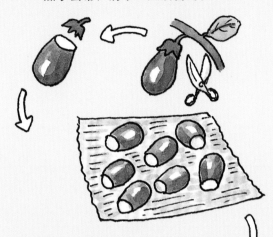

2. 把酒糟、砂糖、芥末粉和食盐在料理盆里充分搅拌均匀备用。

砂糖 150 克

芥末粉 40 克

酒糟 170 克

食盐 50 克

3. 往陶制容器里交替层叠放入第 2 个步骤里的调味料和茄子，就像在做茄子三明治。

落盖（用木制的盖子放在锅里盖在食材上）

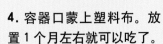

茄子 } 装罐时呈
芥末 } 三明治状

4. 容器口蒙上塑料布。放置 1 个月左右就可以吃了。

很容易就能做好啦！你也试着做做看吧。

风味渍茄子

● 材料

茄子 10 个；3 杯水加 1 大勺食盐的混合物（A 盐水）；葱（切末）2 大勺，蒜（切末）一撮儿，土姜（切末）1/2 小勺，红辣椒粉 1/2 大勺，酱油 1/3 杯，醋 1/4 杯，砂糖 1 小勺的混合物（B 调料）。

1. 茄子去蒂后对半切开，在断面上划 3~4 刀，下刀要深一点。

A 盐水

2. 把茄子浸渍在 A 盐水中 2 个小时左右备用。

B 调料

3. 在 B 调料中加入葱、蒜、土姜、红辣椒粉等混合制成 B 渍汁备用。

 B 渍汁

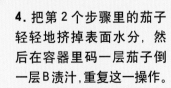

4. 把第 2 个步骤里的茄子轻轻地挤掉表面水分，然后在容器里码一层茄子倒一层 B 渍汁，重复这一操作。

5. 用镇石压在上面，过 15 个小时左右时口感最佳。
＊这种酱菜很容易变味儿，所以每次最好只制作 1~2 天就能吃完的量。

14 茄子趣味实验

嫁接苗虽说去商店就能买到，但是难得种一回茄子，那就试着种一种当地特有的茄子吧！向附近的邻居打听一下，或者向农协、农业试验场等机构咨询一下，拿到合适的种子或者茄子苗。

播下地方品种茄子的种子，向嫁接苗发起挑战！
种子要准备两种，分别用于砧木和接穗，3 月中旬至 5 月初播种。作砧木用的种子要提前 1 周播下。当砧木苗长出 3 片真叶，接穗苗长出 2 片真叶时，就把这个作为嫁接时机的大致标准吧！

育苗

1. 前一天把水浇足，把苗放到温暖的场所，使土壤温度升高。土呢，如果选择用播种专用土就会很方便。

2. 将 3~5 粒种子拉开一定间隔播下。浇足水，准备往育苗箱里摆。

镊子

不需要肥料

3号花盆

4. 子叶展开后，只留下 2 根茎，其余的用剪子从茎的根部剪掉，施稀释 500~600 倍的液肥。

5. 等真叶长出 2~3 片后，留下长势良好的 1 根茎继续生长。

6. 拉大花盆间距，不要让叶子相互重叠。

3. 放入育苗箱，保温（3~4 月）。

2~3 厘米的孔（换气用）

注意温度不要高于 30 摄氏度

用塑料薄膜覆盖

泡沫箱

10
15 cm

底部排水用的孔

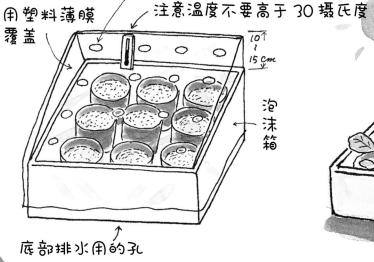

嫁接方法

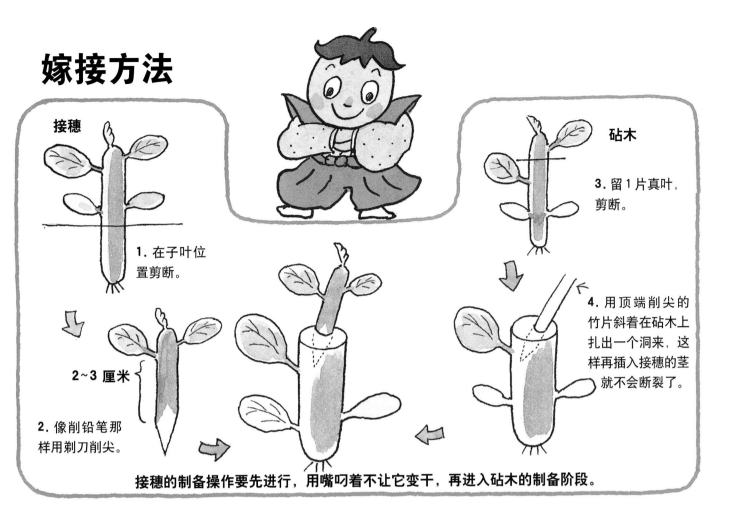

接穗

1. 在子叶位置剪断。

2~3 厘米

2. 像削铅笔那样用剃刀削尖。

砧木

3. 留1片真叶，剪断。

4. 用顶端削尖的竹片斜着在砧木上扎出一个洞来，这样再插入接穗的茎就不会断裂了。

接穗的制备操作要先进行，用嘴叼着不让它变干，再进入砧木的制备阶段。

尝试一下自己取种吧

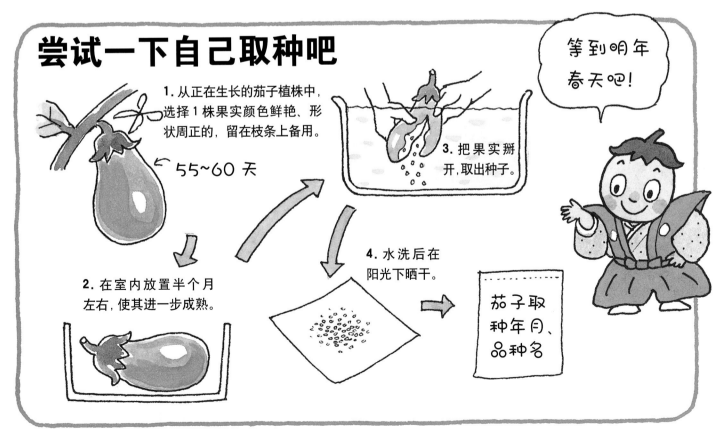

1. 从正在生长的茄子植株中，选择1株果实颜色鲜艳、形状周正的，留在枝条上备用。

55~60 天

2. 在室内放置半个月左右，使其进一步成熟。

3. 把果实掰开，取出种子。

4. 水洗后在阳光下晒干。

茄子取种年月、品种名

等到明年春天吧！

15 茄子之路

一般认为，茄子的原产地是印度东部。以印度东部为中心，向西传到了欧洲、非洲、美洲，向东传到了中国、东南亚、朝鲜、日本等地。

在欧洲，人们享受着赏花的乐趣

茄子传到欧洲可是花费了一点时间，13~15 世纪，茄子传播到地中海沿岸地区，人们开始栽培茄子。不过，在欧洲，茄子传播的范围不如亚洲那么广，在英国，人们虽然也培育茄子，但并不是为了食用，而是为了观赏其花朵。

移民是茄子传播的主角

茄子传到美洲靠的是来自欧洲的移民，与欧洲相比，在较短的时间内，很多茄子品种在美洲被培育出来。

16~17 世纪

北美洲

在英国，茄子不是食物，是用来观赏的。

16~17 世纪

南美洲

欧洲

4~5 世纪

13~15 世纪

地中海

4~5 世纪

非洲

从印度向西

自印度西行的茄子，首先传到古代波斯，然后波斯人将其传到了阿拉伯半岛、北非的尼罗河流域、阿尔及利亚。按照一般的说法，这一过程大概发生在公元 5 世纪以前。

从**印度**向东

据说，茄子在很久以前就从印度传到了东南亚，不过并未留下相关记录。另一方面，茄子传到中国的路径，一般认为是从印度出发，经西藏、昆仑山脉，最后传遍整个中国。中国人至少在1000多年前就开始栽种茄子了，到目前为止，已培育出很多茄子品种。

传到**日本**，
是通过 **3** 条途径

一般认为，茄子传入日本，有从中国传入的，有经过朝鲜半岛传入的，还有经过东南亚传入的。以这些茄子为基础经过不断改良，诞生了日本的一个又一个地方品种。

详解茄子

1. 亚洲的人气小子（P2–P3）

关于茄子栽种诀窍的谚语（关于茄子栽种的谚语，很多都说得很准）

●茄子不沾邻株露，便能结出千只果……意思是，种茄子的时候，如果能保持一定的间距，保证不会接触到相邻的那株茄子叶子上的露水，就可以结出很多的果实。

●茄子的颜色就是肥料的颜色……如果施肥不够，果实的颜色就会变浅。

●摘茄子的时候，挑着肥料桶去吧……注意别断了肥，要勤施肥，用稀释的肥料，多施几次，这样就能收获颜色、光泽俱佳的果实。

●七夕那一天别进茄子地……农历七夕（阳历的话就是8月初）时分，梅雨期已过，气温高的日子在持续，地里很干燥，茄子的根部很容易断，所以，此时在地里作业必须十分小心。

●尽可能多摘秋茄子／秋茄子果然好摘……盛夏期间茄子植株衰弱，不怎么结果，可是一入秋，天气渐凉，就又开始结小茄子。这句谚语有两个意思，其一是说，秋天，如果趁果实小的时候早些收获，就可以收好几茬，其二是感叹，果然是秋茄子收成好。

●茄子要轮作，牛蒡要连作……意思是说，茄子容易发生连作障碍，所以，必须每年换不同的田地栽培，而牛蒡则是在一块地里连续栽培更好。不过，现如今，如果采用嫁接苗，茄子也可以连作了。

关于茄子与天气的谚语（说得有多准呢？）

●叶子竖起，就是晴天。

●茄子花开得多，就会刮大风。

●茄子的种子出芽时被土盖着，这样的年份会有晚霜冻。

关于茄子与生活的谚语

●瓜秧上结不出茄子……瓜类和茄子，即使从植物学角度看也没什么相似之处，就算嫁接也不会成功。意思是说，像在瓜秧上结茄子这样的不可能的事，别指望了。不过，

从前有位名叫林奈的了不起的植物学家（1707–1778），他用拉丁语给瓜类起了个正式名称，拉丁语的意思就是"茄子枝上结出瓜"（拉丁语：*Solanum melongena* L.）。而且，这个学名现在还在使用。

●父母的话，茄子的花，没有一个假……意思是，茄子开的花全都会结果，谎花一朵都没有。同样，父母为子女着想而提出的意见，全都是有益的。

2. 茄子的个性谦虚低调（P4–P5）

同其他蔬菜相比，茄子含维生素和热量较少，水分较多，所以做成菜的话，水分跟调料等材料的营养成分相互渗透，就可以成就营养丰富的百味料理了。比如用油炒就会吸很多的油，热量就高了，而要是做成米糠渍的话，就会变成富含维生素及矿物质的食物。

中国的阴阳学说有一种观念，认为夏天结果的蔬菜偏寒凉，可以驱除暑意，而在地下长成的生姜等根菜类则有暖身的功效。古人吸取了这样的智慧理念，十分注重健康，把茄子和生姜搭配在一起食用。

"一富士、二鹰、三茄子"，大多是说，要是新年里做的第一个梦就梦到这三样东西，一年中会非常吉利，不过，也有另一种说法，认为这是指骏河国（现在的日本静冈县一带）的三大名物。第一个是富士山，第二个是爱鹰山，第三个是茄子。

3. 要是开花了，就蹲下身来仔细观察吧！ （P6–P7）

没有受精的茄子花，比较早的，在开花第2天就会凋谢，多数在3~4天后凋谢。

花粉一旦沾到雌蕊的柱头，花柱里面就开始长出花粉管。很快，被称为植物生长素的生长激素就会分泌出来，进一步促进花粉管的生长，并作用于花柱下方的子房，使子房里也能分泌植物生长素。在子房里，胚胎以及胚乳在生长素的作用下不断发育，生成种子。这时候，子房中的植物生长素显著增加，变成一个信号，养分被从茎、叶部分源源不断输送到子房，果实就逐渐长大了。也就是说，植物生长素起着类

似开关的作用，促进种子的产生和成长。可是，一旦受精失败，植物生长素无法被输送到花柱，子房中的植物生长素也因此无法增多，叶和茎也不再输送营养成分，花就会从花柄上枯萎凋谢。

也有一种方法，即使不受粉也能结果。那就是"欺骗"茄子的花，让它产生已经受粉的错觉。怎么做呢？就是通过在盛开的花朵上喷洒一种叫防落壮果剂（Tomatotone）的激素制剂，让子房中的植物生长素增加，使其进入与受精时相同的状态。这样一来，营养就会从叶和茎输送过来，果实就可以长大了。不过，因为没有受精，果实即使能长大，里面也没有种子。同属茄子科的西红柿也一样，可以喷洒激素制剂，让其在不受粉的情况下结出果实。

茄子的颜色是怎么来的?

套上黑色袋子使其变白的茄子，如果把袋子摘下来，过7个小时左右茄子就开始着色了。有趣的是，这时候茄子的各个部位并不是同时着色，而是从上往下渐渐变深。

4．茄子到底是木本植物，还是草本植物？（P8–P9）

乍一看，茄子像是草本植物。可是，做过一些调查研究，你就会发现，茄子拥有很多木本植物的特征，这可真让人想不到。比如，在北方，气温较低导致茄子无法越冬，因而茄子被作为一年生植物栽培，但在热带地区，茄子是作为多年生植物培育的，因此能长到高达2米左右。如果给用作嫁接砧木的水茄保温，帮助它越冬，那么，它在北方也可以长到高达2米以上，从根部各处长出蘖芽。另外，与草本植物不同，茄子会木质化，如果把茎还有枝杈剪断看一看，就会发现，茄子的茎和枝不像草本植物那样中间是个空洞，它们还能烧成炭呢。还有，在农家茄子收获完成后，人们把茄子的茎和根堆在田间小道上晒干后作燃料，再把烧剩下的灰作为肥料撒到地里。

5．地方品种多多，茄子小伙伴们（P10–P11）

茄子有很多地方品种，就是那种适应了某个地域的特有品种。现在，人们不再像过去那样种植地方品种了。这是因为人们现在只种那些好栽培、易结果，而且用卡车运到很远的地方也不会烂掉的畅销品种。地方品种是各个地区的先辈们，经年累月培育至今的重要文化遗产，其中有不少拥有优良特性的品种，有像水茄子和绢茄子那样外皮非常柔软的，还有像民田茄子那样早生性（繁育早，结果早）强的。如果这些前人精心培育的茄子在我们这个时代绝种，真是一件非常遗憾的事。而且，将彻底消失的品种再重新培育出来几乎是不可能的。在你现在居住的地方，如果还保存着一些地方品种，就算不易栽种，也一定要试着种种看。要是不知道种子和茄苗从哪里获得，就试着向附近居民打听一下，或者向农业试验场咨询一下。

7．种茄子之前的准备工作（P14–P15）

同属茄科的植物，如西红柿、柿子椒、土豆、狮子唐（个头小的柿子椒），如果每年都在同一块地里反复栽种，就会变得容易遭受病虫害，或者，虽然你很认真地侍弄，却长得越来越不好了。这一现象被称为连作障碍。为什么会发生这种事呢？那是因为，如果连着种植同一种作物，土壤里攻击这种植物的病原菌就会聚集、增多，植物就容易得病。另外，植物都有一定偏好，某一种植物总是吸收肥料中的某一种营养成分，所以，如果接连种植同一种作物，土壤中的肥料就会出现不均衡的情况。即使这一轮种了茄子，以后不再种茄子，而是种西红柿或柿子椒等茄科作物，那也会发生跟连续种茄子相同的情况。但是，如果种茄子的时候采用嫁接苗，即使每年都在同一块地里培育也不要紧。如果种植不需要嫁接的地方品种，就要注意避开最近的4~5年曾经种过茄科植物的地块。

茄子的根部纵向生长，深入土壤，土壤要尽可能地深耕。种茄子之前先把土壤粗放地翻耕一下，每平方米施堆肥2~3克，施白云石100克。基肥要采用比例为氮∶磷∶钾＝10∶10∶10的化肥，每平方米施肥150克左右。化肥要跟土壤混合均匀，田垄的宽度要在110~120厘米。

8. 来吧，我们一起种茄子！（P16—P17）

刚买回来的茄子苗不要马上栽种，保持原状在花盆里放2～3天，等它们适应新环境以后再种。移栽之前，要往茄子地里喷洒大约稀释300倍的液肥代替浇水，这样做，移栽之后茄子苗会长得更好。

9. 阳光和水能让茄子长得更饱满（P18—P19）

想收获美味的茄子，可不能断了水和肥。茄子中93%～94%都是水分，如果缺水，茄子就会缺少光泽，或者硬邦邦的不好吃。自古以来，这样的干茄子就被作为难吃的食物的代表，不管是煮还是烤都难以下咽。茄子栽培少不了肥料。追肥的大致标准是，化肥每隔半个月施肥1次，液肥1周施肥1次。

夏休剪枝"休养生息"的要领

（1）修剪前先好好观察一下植株根部的情况。如果根部形成很多的线虫疙瘩，那么，就算剪枝，植株的恢复能力也很弱，所以就保持原样继续栽培吧。

（2）如果修剪得太短，茄子秧就有可能长不出新芽而枯萎死掉，所以，一定要让叶子留在上面，哪怕只剩一片叶子，这是一个诀窍。

（3）剪枝结束后把根截断，将肥料（硫酸铵，施肥量为每平方米20～30克）撒在地上根的周围，浇足水。秋茄子要趁着没长得太大就收获，这样更好吃，而且也不会给地上根增加负担。

10. 就算没有土地，想想办法也能种茄子（P20—P21）

即使找不到适宜种茄子的土地，用花盆、栽培箱、袋子等也可以培育茄子。从品种上讲，龙马茄子、十市茄子、出羽小茄子等个头小的茄子比较适合。

容器呢，尽可能预备得大一些！如果用花盆，就要选10号花盆（直径30厘米以上）；如果用栽培箱，就用宽幅为30厘米左右的大箱；如果使用塑料袋，最好尽可能准备一些比较大的袋子，在塑料袋上开几个小洞，使其具有良好的透水性。也可以用麻袋。

气温高的话，花盆或者栽培箱里的温度也会升高，不利于茄子根部的生长，所以，可以在地上根周围盖上麦秸，或者用木板等遮挡阳光，也可以把花盆或者栽培箱放到阴凉处。注意，不要让叶子背光哦！

11. 仔细观察，了解那些眼睛看不见的地方！（P22—P23）

如果一次性施大量肥料，茄子的根部就会变得衰弱，一下子承受不住，而且很难恢复元气。每次施肥的量要少一点，多分几次施肥吧！如果不小心施肥过多，就少浇一点水。如果叶子长大到30厘米左右，就表明肥料施得太多了，就要减少追肥的次数。

枝条的生长情况不好，或者越靠近末梢叶子越小，就表明植株缺水了，要增加浇水的次数。

如果肥量不足或者缺水，不易结果的短花柱花就会增加，这时候要适当多浇一些水、多施一些肥。不过，如果夜晚的气温接近30摄氏度，或日照时间变短，短花柱花也会增加，所以，要综合考虑各方面的条件，针对不同的情况用心照料。

一般情况下，如果受精不成功，果实就会脱落。不过，也有一些植物，果实不受精也能长大，例如黄瓜、香蕉、柑橘，这叫单性繁殖。在自然界里，单性结实的植物并不太多。茄子在自然状态下不会单性结实，但如果开花时期气温低，花粉管就长不好，受精过程就会半途而废。这样，虽说花不会凋谢，但果实也不会长得更大了。从外表看，果实的生长状况很不自然，又短又小并且缺乏光泽。将果实纵向切开就会发现，虽然留有胚珠的痕迹，却长不成种子，而胚珠本应该成为种子发育的基础，这样的果实叫作"茄子石头果"。茄子石头果不会自然脱落，所以看到了就直接摘掉吧。

12. 我们来尝一尝刚摘下来的茄子吧！（P24—P25）

说起茄子料理，首先就要提一提"烤茄子蘸生姜酱油"。

●材料

长茄子4个；土姜10克；鲣鱼刨丝少量；酱油半杯；鲣鱼刨片半杯；甜料酒1大勺。

（1）茄子留蒂，只去掉萼片，用大火均匀地烧烤茄子表皮，直到微微烤焦的状态。

（2）等茄子肉变软了，麻利地剥皮，切成能一口吃下的大小。

（3）土姜削皮、擦末备用，把称好分量的酱油和鲣鱼刨片、甜料酒混合在一起，煮开一次，滤掉渣子。

（4）把烤茄子装盘，上面撒鲣鱼刨丝作装饰，吃的时候再浇上姜末和第3个步骤里的酱油混合汁。

*茄子要烤到差不多烤焦的程度，这是诀窍。如果皮不好剥，可以一边往上撩自来水冷却一边剥皮。不过，装盘之前一定要先把水分彻底沥干。

田乐红味噌酱、白味噌酱的制作方法
●材料

红味噌酱40克；汤汁1/4杯；砂糖3大勺；甜料酒1大勺。

（1）把红味噌酱放进小锅，用汤汁把味噌酱调稀，再加入砂糖和甜料酒混合。

（2）如果着急，就直接用小火加热，搅匀即可。不急的话，就将小锅放在热水中，用木勺搅拌，让食材缓慢升温并融合，这样熬制味道才更好。

*田乐白味噌酱只是把味噌酱换成了白味噌酱，其他材料以及制作方法与田乐红味噌酱相同。如果在白味噌酱中加进一个蛋黄搅拌混合，再用小火熬，味道会更好。

13．各种茄子酱菜（P26-P27）

茄子酱菜里如果放一根铁钉，腌出来的茄子颜色会很好，这是因为钉子的铁质与茄子的色素相结合，能够抑制变色。茄子的色素是很容易发生变化的。取一些染有茄子颜色的水试试看吧！

14．茄子趣味实验（P28-P29）

从种子阶段开始培育茄子的要领

（1）如果使用拱棚保温，就可以早些播种。

（2）出芽以后，白天将温度保持在稍低的水平（24~25摄氏度），不能让茄子徒长（生长过度）。

（3）保证良好的日照条件。

（4）水要浇足。

（5）移栽的次数要尽可能减少。

15．茄子之路（P30-P31）

人们一般认为，从中国的北部经朝鲜半岛传到日本北陆地区的圆茄子，由于低温等不良气候条件的影响，在栽培期较短的日本东北部果实变小了。而同样的品种进入日本关东地区后，就变成了蛋形。另外，长茄子从中国的中部、南部传到日本的九州，栽培期长、夏季炎热的九州就成为其主要栽培地。长茄子传播到日本的本州岛西部、关西地区后，随之变成了中长茄子。

喜食茄子的人，大多是亚洲国家的。在欧洲，人们当然也吃茄子，但同时还喜欢栽培用来观赏的白茄子等。

后记

　　您读了这本书，对于茄子是什么样的植物，是否有了更深入的了解呢？关于茄子具有什么样的特性，各个部分是什么形状等等，如果事先有所了解，就能把茄子种好，成为一个行家里手。在什么都不懂的情况下敢于冒险去尝试，在不断遭受失败后渐渐地掌握技巧，虽说这也不是什么坏事，但是我想，不如先掌握一些预备知识，再去尝试，这样做更正确，也更熟练，理解上也更深，并能为迈向下一个阶段打下牢固的基础。

　　对日本人来说，茄子是一种自古栽培的蔬菜，它的栽培史之悠久与黄瓜相当。另外，日本各地还培育出许多地方品种。这些本应成为伟大的文化遗产，令人遗憾的是，这些地方品种正在逐渐消失。日本人的先祖，不，在茄子传到日本以前就已经在栽培茄子的人们努力创造的遗产正在消失。不仅仅是茄子，现在在地球上，同样的情况也发生在其他植物和动物身上。读者如能通过本书的部分内容认识到这一点，懂得爱护生物，珍惜大自然，本人将倍感欣慰。

山田贵义

图书在版编目（CIP）数据

画说茄子／（日）山田贵义编文；（日）田中秀幸绘画；同文世纪组译；张莹译.——北京：中国农业出版社，2022.1
（我的小小农场）
ISBN 978-7-109-27867-7

I.①画… II.①山…②田…③同…④张… III.①茄子-少儿读物 IV.①S641.1-49

中国版本图书馆CIP数据核字（2021）第022736号

■写真をご提供いただいた方々
P10～11品種の写真　株式会社サカタのタネ
（大長ナス　飛天長　長ナス　黒竜長　小丸ナス　うす皮味丸）
P10～11品種の写真　タキイ種苗株式会社
（丸ナス　早生大丸茄　長卵形ナス　千両二号　卵形ナス　竜馬茄　米ナス　くろわし茄）
P23害虫の写真　木村裕（大阪府農林技術センター）

■参考文献
まるごと楽しむナス百科　山田貴義著　農文協刊　定価1330円（本体1267円）

山田贵义（Yamada Kiyoshi）

1930年出生。1954年大阪府立大学农学系毕业。曾在大阪府农业试验场工作，1963年起任职于大阪府农林技术中心。1987年退职。现为大阪Techno Horti园艺专门学校校长、大阪府农林技术中心农业大学校讲师。此外还担任NHK电视栏目《趣味园艺》讲师等，从事家庭菜园指导工作。著书多部，如《我家的蔬菜栽培》（Green Book Service）、《洋葱·栽培体系与种植方法》《尽享栽培乐趣茄子百科》《图解栽培箱种蔬菜①②》（上述均为农文协出版）、《色拉蔬菜》《阳台窗边的园艺》（上述均为文研出版）。

田中秀幸（Tanaka Hideyuki）

1940年出生于东京都本所。曾就读于光风美术研究所、日本设计大学等。历经各种不同的职业（编辑、设计师、电影海报从业者、非主流剧团的美术设计兼演员等），自1972年起专心从事儿童图书的绘画与撰文。作品有《第一位客人》（岩崎书店）、《小梅尔三部曲》（小学馆）、《啪嗒啪嗒先生系列》（光之国）等。《快活的梅尔》（福音馆）一书在欧美发售。

我的小小农场 ● 17

画说茄子

编　　文：【日】山田贵义
绘　　画：【日】田中秀幸
编辑制作：【日】栗山淳编辑室

Sodatete Asobo Dai 1-shu 2 Nasu no Ehon
Copyright© 1997 by T.Yamada,H.Tanaka,J.Kuriyama
Chinese translation rights in simplified characters arranged with Nosan Gyoson Bunka Kyokai, Tokyo
through Japan UNI Agency, Inc., Tokyo

本书中文版由山田贵义、田中秀幸、栗山淳和日本社团法人农山渔村文化协会授权中国农业出版社独家出版发行。本书内容的任何部分，事先未经出版者书面许可，不得以任何方式或手段复制或刊载。
合同登记号：图字 01-2021-3828 号

责任编辑：刘彦博
责任校对：吴丽婷
翻　　译：同文世纪组译　张莹译
设计制作：张　磊
出　　版：中国农业出版社
　　　　　（北京市朝阳区麦子店街18号楼　邮政编码：100125　美少分社电话：010-59194987）
发　　行：中国农业出版社
印　　刷：北京华联印刷有限公司
开　　本：889mm×1194mm　1/16
印　　张：2.75
字　　数：100千字
版　　次：2022年1月第1版　2022年1月北京第1次印刷
定　　价：39.80元